# 肉制品加工技术项目学习册

浮吟梅　赵象忠　主编

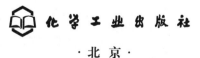

化学工业出版社
·北京·

# 目 录

# 项目一　肉制品加工原料

## 任务工单一　原料肉食用品质评定

| | | | | | |
|---|---|---|---|---|---|
| 班 级 | | 小组号 | | 组长 | |
| 成员姓名 | | | | 学 时 | |
| 实训场地 | | 指导教师 | | 日期 | |
| 任务目的 | | | | | |

**【资讯】**

1. 形成肉色的物质是什么？保持肉色的方法有哪些？

2. 什么是嫩度？提高嫩度的方法有哪些？

3. 什么是肉的保水性？影响保水性的因素是什么？

4. 影响肉风味的主要因素是什么？

【决策与计划】

| | |
|---|---|
| 人员分配 | |
| 时间安排 | |
| 工具和材料 | |
| 工作流程 | |

【工作实施】

1. 仪器设备的选择、试剂的配制

2. 操作步骤

3. 数据记录与处理

4. 结果与分析

| 评定项目 | 评定结果 |
| --- | --- |
| 肉色 | |
| 酸度 | |
| 保水性 | |
| 嫩度 | |
| 大理石纹 | |
| 熟肉率 | |
| 综合 | |

**【检查与评估】**

| 考评项目 | | 自我评估 20% | 小组互评 10% | 教师评估 70% | 备注 |
| --- | --- | --- | --- | --- | --- |
| 素质考评(15 分) | 工作纪律(7 分) | | | | |
| | 团队合作(8 分) | | | | |
| 任务工单考评(30 分) | | | | | |
| 实操考评(55 分) | 工具使用(10 分) | | | | |
| | 任务方案(10 分) | | | | |
| | 实施过程(15 分) | | | | |
| | 完成情况(15 分) | | | | |
| | 其他(5 分) | | | | |
| 合计 | | | | | |
| 综合评价(100 分) | | | | | |

组长签字：__________　　　　教师签字：__________

# 任务工单二　不同原料肉加工性能比较与评定

| | | | | | |
|---|---|---|---|---|---|
| 班 级 | | 小组号 | | 组长 | |
| 成员姓名 | | | | 学 时 | |
| 实训场地 | | 指导教师 | | 日期 | |
| 任务目的 | | | | | |

**【资讯】**

1. 肉的物理性质有哪些?

2. 各种畜禽肉的特征有哪些?

3. 各种肉的加工性能有何区别?

【决策与计划】

| | |
|---|---|
| 人员分配 | |
| 时间安排 | |
| 工具和材料 | |
| 工作流程 | |

【工作实施】

1. 仪器设备的选择、试剂的配制

2. 操作步骤

3. 数据记录与处理

4. 结果与分析

| 原料肉 | 肉色 | 酸度 | 保水性 | 嫩度 | 大理石纹 | 熟肉率 |
|---|---|---|---|---|---|---|
| | | | | | | |
| | | | | | | |
| | | | | | | |
| | | | | | | |
| | | | | | | |

**【检查与评估】**

| 考评项目 | | 自我评估 20% | 小组互评 10% | 教师评估 70% | 备注 |
|---|---|---|---|---|---|
| 素质考评(15 分) | 工作纪律(7 分) | | | | |
| | 团队合作(8 分) | | | | |
| 任务工单考评(30 分) | | | | | |
| 实操考评(55 分) | 工具使用(10 分) | | | | |
| | 任务方案(10 分) | | | | |
| | 实施过程(15 分) | | | | |
| | 完成情况(15 分) | | | | |
| | 其他(5 分) | | | | |
| 合计 | | | | | |
| 综合评价(100 分) | | | | | |

组长签字：__________　　　教师签字：__________

# 任务工单三　原料肉新鲜度检验

| 班 级 | | 小组号 | | 组长 | |
|---|---|---|---|---|---|
| 成员姓名 | | | | 学 时 | |
| 实训场地 | | 指导教师 | | 日期 | |
| 任务目的 | | | | | |

**【资讯】**

1. 肉的质量检验从哪几方面来进行？

2. 肉质量检验的意义是什么？

3. 怎样通过感官检验肉的新鲜度？

【决策与计划】

| | |
|---|---|
| 人员分配 | |
| 时间安排 | |
| 工具和材料 | |
| 工作流程 | |

【工作实施】

1. 仪器设备的选择、试剂的配制

2. 操作步骤

3. 数据记录与处理

4. 结果与分析

| 检验项目 | 检验结果 | 新鲜程度 |
| --- | --- | --- |
| 感官检验 | | |
| 触片镜检 | | |
| pH 值 | | |
| 粗氨 | | |
| 球蛋白沉淀试验 | | |
| 硫化氢反应试验 | | |
| 过氧化物酶反应试验 | | |

**【检查与评估】**

| 考评项目 | | 自我评估 20% | 小组互评 10% | 教师评估 70% | 备注 |
| --- | --- | --- | --- | --- | --- |
| 素质考评(15 分) | 工作纪律(7 分) | | | | |
| | 团队合作(8 分) | | | | |
| 任务工单考评(30 分) | | | | | |
| 实操考评(55 分) | 工具使用(10 分) | | | | |
| | 任务方案(10 分) | | | | |
| | 实施过程(15 分) | | | | |
| | 完成情况(15 分) | | | | |
| | 其他(5 分) | | | | |
| 合计 | | | | | |
| 综合评价(100 分) | | | | | |

组长签字：__________　　教师签字：__________

# 项目二　肉制品加工辅料的加工与应用技术

## 任务工单一　不同香辛料的观察与辨别

| | | | | | |
|---|---|---|---|---|---|
| 班 级 | | 小组号 | | 组长 | |
| 成员姓名 | | | | 学 时 | |
| 实训场地 | | 指导教师 | | 日期 | |
| 任务目的 | | | | | |

**【资讯】**

1. 肉制品加工常用的调味料有哪些，分别有什么作用？

2. 肉制品加工常用的香辛料有哪些，分别有什么作用？

3. 肉制品加工常用的添加剂有哪些，分别有什么作用？

【决策与计划】

| | |
|---|---|
| 人员分配 | |
| 时间安排 | |
| 工具和材料 | |
| 工作流程 | |

【工作实施】

1. 分别对不同香辛料进行外观、气味、用途等的辨别

2. 结果与分析

| 名称 | 外观 | 气味 | 作用 | 用途 |
|---|---|---|---|---|
| | | | | |
| | | | | |
| | | | | |
| | | | | |
| | | | | |
| | | | | |
| | | | | |
| | | | | |
| | | | | |
| | | | | |

**【检查与评估】**

| 考评项目 | | 自我评估 20% | 小组互评 10% | 教师评估 70% | 备注 |
|---|---|---|---|---|---|
| 素质考评(15 分) | 工作纪律(7 分) | | | | |
| | 团队合作(8 分) | | | | |
| 任务工单考评(30 分) | | | | | |
| 实操考评(55 分) | 工具使用(10 分) | | | | |
| | 任务方案(10 分) | | | | |
| | 实施过程(15 分) | | | | |
| | 完成情况(15 分) | | | | |
| | 其他(5 分) | | | | |
| 合计 | | | | | |
| 综合评价(100 分) | | | | | |

组长签字：__________　　　　教师签字：__________

# 任务工单二　复合香辛料的加工

| 班 级 | | 小组号 | | 组长 | |
|---|---|---|---|---|---|
| 成员姓名 | | | | 学 时 | |
| 实训场地 | | 指导教师 | | 日期 | |
| 任务目的 | | | | | |

**【资讯】**

1. 肉制品加工常用的复合香辛料有哪些，配方是什么？

2. 在肉制品加工中怎样安全使用添加剂？

**【决策与计划】**

| 人员分配 | |
|---|---|
| 时间安排 | |
| 工具和材料 | |
| 工作流程 | |

**【工作实施】**

1. 配方和原辅料实际用量

2. 加工流程、参数和操作规程

3. 结果与分析

| 种类 | 颜色 | 气味 | 滋味 |
| --- | --- | --- | --- |
| 配方一 | | | |
| 配方二 | | | |
| 配方三 | | | |

**【检查与评估】**

| 考评项目 | | 自我评估 20% | 小组互评 10% | 教师评估 70% | 备注 |
|---|---|---|---|---|---|
| 素质考评(15 分) | 工作纪律(7 分) | | | | |
| | 团队合作(8 分) | | | | |
| 任务工单考评(30 分) | | | | | |
| 实操考评(55 分) | 工具使用(10 分) | | | | |
| | 任务方案(10 分) | | | | |
| | 实施过程(15 分) | | | | |
| | 完成情况(15 分) | | | | |
| | 其他(5 分) | | | | |
| 合计 | | | | | |
| 综合评价(100 分) | | | | | |

组长签字：＿＿＿＿＿　　　　教师签字：＿＿＿＿＿

# 任务工单三　猪小肠衣的加工

| 班 级 | | 小组号 | | 组长 | |
|---|---|---|---|---|---|
| 成员姓名 | | | | 学 时 | |
| 实训场地 | | 指导教师 | | 日期 | |
| 任务目的 | | | | | |

**【资讯】**

1. 在肉制品加工中包装的功能有哪些？

2. 肉制品的包装有哪些种类，各有什么优缺点？

3. 生鲜肉制品包装需要注意哪些事项？

4. 如何对熟肉类制品进行包装？

【决策与计划】

| | |
|---|---|
| 人员分配 | |
| 时间安排 | |
| 工具和材料 | |
| 工作流程 | |

【工作实施】

1. 加工流程、参数和操作规程。

2. 结果与分析

| 原肠长度 | 肠衣总长度 | 最长节长度 | 重量 | 路数 |
| --- | --- | --- | --- | --- |
| | | | | |

【检查与评估】

| 考评项目 | | 自我评估 20% | 小组互评 10% | 教师评估 70% | 备注 |
| --- | --- | --- | --- | --- | --- |
| 素质考评(15 分) | 工作纪律(7 分) | | | | |
| | 团队合作(8 分) | | | | |
| 任务工单考评(30 分) | | | | | |
| 实操考评(55 分) | 工具使用(10 分) | | | | |
| | 任务方案(10 分) | | | | |
| | 实施过程(15 分) | | | | |
| | 完成情况(15 分) | | | | |
| | 其他(5 分) | | | | |
| 合计 | | | | | |
| 综合评价(100 分) | | | | | |

组长签字：__________　　　　教师签字：__________

# 项目三　冷鲜肉加工技术

## 任务工单一　猪屠宰生产线参观

| 班 级 | | 小组号 | | 组长 | |
|---|---|---|---|---|---|
| 成员姓名 | | | | 学 时 | |
| 实训场地 | | 指导教师 | | 日期 | |
| 任务目的 | | | | | |

**【资讯】**

1. 猪屠宰一般工艺流程是什么？屠宰时应注意的事项有哪些？

2. 猪屠宰前应如何管理？

3. 猪致昏的方法有哪些？并说明各自的原理。

4. 猪屠宰后检验目的是什么？宰后检验项目及内容有哪些？

**【决策与计划】**

| | |
|---|---|
| 人员分配 | |
| 时间安排 | |
| 参观厂地 | |
| 参观流程 | |

**【工作实施】**

1. 参观准备

2. 参观流程

3. 参观报告

参观结束后每人撰写不少于1000字的参观报告。

**【检查与评估】**

| 考评项目 | | 自我评估 20% | 小组互评 10% | 教师评估 70% | 备注 |
|---|---|---|---|---|---|
| 素质考评(15 分) | 工作纪律(7 分) | | | | |
| | 团队合作(8 分) | | | | |
| 任务工单考评(30 分) | | | | | |
| 实操考评(55 分) | 工具使用(10 分) | | | | |
| | 任务方案(10 分) | | | | |
| | 实施过程(15 分) | | | | |
| | 完成情况(15 分) | | | | |
| | 其他(5 分) | | | | |
| 合计 | | | | | |
| 综合评价(100 分) | | | | | |

组长签字：__________　　　　教师签字：__________

# 任务工单二　鸡的屠宰加工

<table>
<tr><td>班 级</td><td></td><td>小组号</td><td></td><td>组长</td><td colspan="2"></td></tr>
<tr><td>成员姓名</td><td colspan="4"></td><td>学 时</td><td></td></tr>
<tr><td>实训场地</td><td></td><td>指导教师</td><td></td><td>日期</td><td colspan="2"></td></tr>
<tr><td>任务目的</td><td colspan="6"></td></tr>
</table>

**【资讯】**

1. 简述鸡屠宰一般工艺流程。

2. 鸡屠宰放血方法有哪些？特点分别是什么？

3. 鸡屠宰放血时注意事项有哪些？

4. 鸡屠宰后检验的目的是什么？有哪些检验项目？

【决策与计划】

| | |
|---|---|
| 人员分配 | |
| 时间安排 | |
| 工具和材料 | |
| 工作流程 | |

【工作实施】

1. 鸡屠宰前准备工作

2. 屠宰的步骤与方法

3. 结果与分析

| 品种 | 性别 | 活重/g | 血重/g | 毛重/g | 屠体/g |
|---|---|---|---|---|---|
| | | | | | |
| 半净膛/g | 全净膛/g | 头颈重/g | 脚重/g | 翅重/g | 内脏重/g |
| | | | | | |

**【检查与评估】**

| 考评项目 | | 自我评估 20% | 小组互评 10% | 教师评估 70% | 备注 |
|---|---|---|---|---|---|
| 素质考评(15 分) | 工作纪律(7 分) | | | | |
| | 团队合作(8 分) | | | | |
| 任务工单考评(30 分) | | | | | |
| 实操考评(55 分) | 工具使用(10 分) | | | | |
| | 任务方案(10 分) | | | | |
| | 实施过程(15 分) | | | | |
| | 完成情况(15 分) | | | | |
| | 其他(5 分) | | | | |
| 合计 | | | | | |
| 综合评价(100 分) | | | | | |

组长签字：__________　　　　教师签字：__________

# 任务工单三　猪胴体分割流水线参观

| | | | | | |
|---|---|---|---|---|---|
| 班 级 | | 小组号 | | 组长 | |
| 成员姓名 | | | | 学 时 | |
| 实训场地 | | 指导教师 | | 日期 | |
| 任务目的 | | | | | |

**【资讯】**

1. 猪胴体分割一般工艺流程是什么？

2. 猪胴体去膘的方法有哪些？操作时应注意什么？

3. 简述猪胴体剔骨方法和剔骨时注意事项。

4. 请分别说出猪胴体分割肉名称。

【决策与计划】

| | |
|---|---|
| 人员分配 | |
| 时间安排 | |
| 参观场所 | |
| 参观流程 | |

【工作实施】

1. 参观准备

2. 参观流程

3. 参观报告

参观结束后写不少于1000字的参观报告。

**【检查与评估】**

| 考评项目 | | 自我评估 20% | 小组互评 10% | 教师评估 70% | 备注 |
|---|---|---|---|---|---|
| 素质考评(15 分) | 工作纪律(7 分) | | | | |
| | 团队合作(8 分) | | | | |
| 任务工单考评(30 分) | | | | | |
| 实操考评(55 分) | 工具使用(10 分) | | | | |
| | 任务方案(10 分) | | | | |
| | 实施过程(15 分) | | | | |
| | 完成情况(15 分) | | | | |
| | 其他(5 分) | | | | |
| 合计 | | | | | |
| 综合评价(100 分) | | | | | |

组长签字：__________ 教师签字：__________

# 任务工单四　鸡胴体的分割

| 班 级 | | 小组号 | | 组长 | |
| --- | --- | --- | --- | --- | --- |
| 成员姓名 | | | | 学 时 | |
| 实训场地 | | 指导教师 | | 日期 | |
| 任务目的 | | | | | |

**【资讯】**

1. 鸡分割产品包括哪些？

2. 半净膛鸡如何进行分割与处理？

3. 简述鸡分割时的注意事项。

【决策与计划】

| | |
|---|---|
| 人员分配 | |
| 时间安排 | |
| 工具和材料 | |
| 工作流程 | |

【工作实施】

1. 鸡分割前的准备工作

2. 分割的步骤与方法

3. 结果与分析

| 品种 | 性别 | 全净膛鸡重/g | 半净膛鸡重/g | 全翅重/g | 胸里脊重/g |
|---|---|---|---|---|---|
| | | | | | |
| 鸡全腿重/g | 鸡心重/g | 鸡肝重/g | 鸡肫重/g | 鸡骨架重/g | 鸡脚重/g |
| | | | | | |

**【检查与评估】**

| 考评项目 | | 自我评估 20% | 小组互评 10% | 教师评估 70% | 备注 |
|---|---|---|---|---|---|
| 素质考评(15 分) | 工作纪律(7 分) | | | | |
| | 团队合作(8 分) | | | | |
| 任务工单考评(30 分) | | | | | |
| 实操考评(55 分) | 工具使用(10 分) | | | | |
| | 任务方案(10 分) | | | | |
| | 实施过程(15 分) | | | | |
| | 完成情况(15 分) | | | | |
| | 其他(5 分) | | | | |
| 合计 | | | | | |
| 综合评价(100 分) | | | | | |

组长签字：__________　　　　教师签字：__________

# 任务工单五　猪肉冷鲜肉的加工

<table>
<tr><td>班 级</td><td></td><td>小组号</td><td></td><td>组长</td><td></td></tr>
<tr><td>成员姓名</td><td colspan="4"></td><td>学 时</td></tr>
<tr><td>实训场地</td><td></td><td>指导教师</td><td></td><td>日期</td><td></td></tr>
<tr><td>任务目的</td><td colspan="5"></td></tr>
</table>

**【资讯】**

1. 猪肉冷鲜肉对原料有什么要求？

2. 猪肉冷鲜肉加工过程中冷却方法有哪些？并分别说出其特点。

3. 猪肉冷鲜肉在加工过程中的注意事项有哪些？

4. 简述猪肉冷鲜肉加工工艺流程及加工要点。

**【决策与计划】**

| | |
|---|---|
| 人员分配 | |
| 时间安排 | |
| 工具和材料 | |
| 工作流程 | |

**【工作实施】**

1. 加工前的准备工作

2. 加工流程、参数和操作规程

3. 结果与分析

| 原料重量 | 产品重量 | 出品率 | 外观 | 组织形态 | 气味 |
| --- | --- | --- | --- | --- | --- |
| | | | | | |

**【检查与评估】**

| 考评项目 | | 自我评估 20% | 小组互评 10% | 教师评估 70% | 备注 |
| --- | --- | --- | --- | --- | --- |
| 素质考评(15 分) | 工作纪律(7 分) | | | | |
| | 团队合作(8 分) | | | | |
| 任务工单考评(30 分) | | | | | |
| 实操考评(55 分) | 工具使用(10 分) | | | | |
| | 任务方案(10 分) | | | | |
| | 实施过程(15 分) | | | | |
| | 完成情况(15 分) | | | | |
| | 其他(5 分) | | | | |
| 合计 | | | | | |
| 综合评价(100 分) | | | | | |

组长签字：__________　　　　教师签字：__________

# 项目四　腌腊肉制品加工技术

## 任务工单一　不同腌制方法的应用与比较

<table>
<tr><td>班 级</td><td></td><td>小组号</td><td></td><td>组长</td><td></td></tr>
<tr><td>成员姓名</td><td colspan="3"></td><td>学 时</td><td></td></tr>
<tr><td>实训场地</td><td></td><td>指导教师</td><td></td><td>日期</td><td></td></tr>
<tr><td>任务目的</td><td colspan="5"></td></tr>
</table>

**【资讯】**

1. 肉制品加工常用的加工辅料有哪些种类？常用添加剂的作用是什么？

2. 腌制的方法有哪些？具体是如何操作的？

3. 腌腊制品的种类有哪些？各有哪些特点？

【决策与计划】

| | |
|---|---|
| 人员分配 | |
| 时间安排 | |
| 工具和材料 | |
| 工作流程 | |

【工作实施】

1. 腌制配方和原辅料实际用量

2. 加工流程、参数和操作规程

3. 结果与分析

| 腌制方法 | 产品重量 | 出品率 | 腌制材料 | 腌制时间 | 影响腌制的因素 |
|---|---|---|---|---|---|
| | | | | | |
| | | | | | |
| | | | | | |

**【检查与评估】**

<table>
<tr><td colspan="2">考评项目</td><td>自我评估 20%</td><td>小组互评 10%</td><td>教师评估 70%</td><td>备注</td></tr>
<tr><td rowspan="2">素质考评(15 分)</td><td>工作纪律(7 分)</td><td></td><td></td><td></td><td></td></tr>
<tr><td>团队合作(8 分)</td><td></td><td></td><td></td><td></td></tr>
<tr><td colspan="2">任务工单考评(30 分)</td><td></td><td></td><td></td><td></td></tr>
<tr><td rowspan="5">实操考评(55 分)</td><td>工具使用(10 分)</td><td></td><td></td><td></td><td></td></tr>
<tr><td>任务方案(10 分)</td><td></td><td></td><td></td><td></td></tr>
<tr><td>实施过程(15 分)</td><td></td><td></td><td></td><td></td></tr>
<tr><td>完成情况(15 分)</td><td></td><td></td><td></td><td></td></tr>
<tr><td>其他(5 分)</td><td></td><td></td><td></td><td></td></tr>
<tr><td colspan="2">合计</td><td></td><td></td><td></td><td></td></tr>
<tr><td colspan="2">综合评价(100 分)</td><td colspan="4"></td></tr>
</table>

组长签字：__________　　　　教师签字：__________

# 任务工单二　腊肉的加工

| 班 级 | | 小组号 | | 组长 | |
|---|---|---|---|---|---|
| 成员姓名 | | | | 学 时 | |
| 实训场地 | | 指导教师 | | 日期 | |
| 任务目的 | | | | | |

**【资讯】**

1. 腌腊肉制品的加工原理是什么？

2. 腊肉的种类有哪些？

3. 腊肉加工过程中，主要采用哪种腌制方法？

4. 如何对腌制过程进行质量控制？

【决策与计划】

| | |
|---|---|
| 人员分配 | |
| 时间安排 | |
| 工具和材料 | |
| 工作流程 | |

【工作实施】

1. 产品配方和原辅料实际用量

2. 加工流程、参数和操作规程

3. 结果与分析

| 原料重量 | 产品重量 | 出品率 | 外观 | 组织形态 | 气味 |
| --- | --- | --- | --- | --- | --- |
| | | | | | |

**【检查与评估】**

| 考评项目 | | 自我评估 20% | 小组互评 10% | 教师评估 70% | 备注 |
| --- | --- | --- | --- | --- | --- |
| 素质考评(15 分) | 工作纪律(7 分) | | | | |
| | 团队合作(8 分) | | | | |
| 任务工单考评(30 分) | | | | | |
| 实操考评(55 分) | 工具使用(10 分) | | | | |
| | 任务方案(10 分) | | | | |
| | 实施过程(15 分) | | | | |
| | 完成情况(15 分) | | | | |
| | 其他(5 分) | | | | |
| 合计 | | | | | |
| 综合评价(100 分) | | | | | |

组长签字：__________　　教师签字：__________

# 任务工单三　板鸭的加工

| | | | | | |
|---|---|---|---|---|---|
| 班 级 | | 小组号 | | 组长 | |
| 成员姓名 | | | | 学 时 | |
| 实训场地 | | 指导教师 | | 日期 | |
| 任务目的 | | | | | |

**【资讯】**

1. 板鸭腌制是采用什么腌制方法？

2. 如何配制腌腊制品的新卤？对老卤如何进行管理？

3. 板鸭的种类有哪些？各有哪些特点？

【决策与计划】

| | |
|---|---|
| 人员分配 | |
| 时间安排 | |
| 工具和材料 | |
| 工作流程 | |

【工作实施】

1. 产品配方和原辅料实际用量

2. 加工流程、参数和操作规程

3. 结果与分析

| 原料重量 | 产品重量 | 出品率 | 外观 | 组织形态 | 气味 |
| --- | --- | --- | --- | --- | --- |
| | | | | | |

【检查与评估】

<table>
<tr><th colspan="2">考评项目</th><th>自我评估 20%</th><th>小组互评 10%</th><th>教师评估 70%</th><th>备注</th></tr>
<tr><td rowspan="2">素质考评(15 分)</td><td>工作纪律(7 分)</td><td></td><td></td><td></td><td></td></tr>
<tr><td>团队合作(8 分)</td><td></td><td></td><td></td><td></td></tr>
<tr><td colspan="2">任务工单考评(30 分)</td><td></td><td></td><td></td><td></td></tr>
<tr><td rowspan="5">实操考评(55 分)</td><td>工具使用(10 分)</td><td></td><td></td><td></td><td></td></tr>
<tr><td>任务方案(10 分)</td><td></td><td></td><td></td><td></td></tr>
<tr><td>实施过程(15 分)</td><td></td><td></td><td></td><td></td></tr>
<tr><td>完成情况(15 分)</td><td></td><td></td><td></td><td></td></tr>
<tr><td>其他(5 分)</td><td></td><td></td><td></td><td></td></tr>
<tr><td colspan="2">合计</td><td></td><td></td><td></td><td></td></tr>
<tr><td colspan="2">综合评价(100 分)</td><td colspan="4"></td></tr>
</table>

组长签字：__________　　教师签字：__________

# 任务工单四　风鸡的加工

| | | | | | |
|---|---|---|---|---|---|
| 班 级 | | 小组号 | | 组长 | |
| 成员姓名 | | | | 学 时 | |
| 实训场地 | | 指导教师 | | 日期 | |
| 任务目的 | | | | | |

**【资讯】**

1. 风鸡属于腌腊制品的哪一类，产品有什么特点？

2. 写出腊肠（举例）的工艺流程（含主要加工参数）。

3. 咸肉的加工工艺是什么？有哪些特点？

【决策与计划】

| | |
|---|---|
| 人员分配 | |
| 时间安排 | |
| 工具和材料 | |
| 工作流程 | |

【工作实施】

1. 产品配方和原辅料实际用量

2. 加工流程、参数和操作规程

3. 结果与分析

| 原料重量 | 产品重量 | 出品率 | 外观 | 组织形态 | 气味 |
| --- | --- | --- | --- | --- | --- |
| | | | | | |

**【检查与评估】**

| 考评项目 | | 自我评估 20% | 小组互评 10% | 教师评估 70% | 备注 |
| --- | --- | --- | --- | --- | --- |
| 素质考评(15 分) | 工作纪律(7 分) | | | | |
| | 团队合作(8 分) | | | | |
| 任务工单考评(30 分) | | | | | |
| 实操考评(55 分) | 工具使用(10 分) | | | | |
| | 任务方案(10 分) | | | | |
| | 实施过程(15 分) | | | | |
| | 完成情况(15 分) | | | | |
| | 其他(5 分) | | | | |
| 合计 | | | | | |
| 综合评价(100 分) | | | | | |

组长签字：__________　　　　教师签字：__________

# 任务工单五　培根的加工

| 班 级 | | 小组号 | | 组长 | |
|---|---|---|---|---|---|
| 成员姓名 | | | | 学 时 | |
| 实训场地 | | 指导教师 | | 日期 | |
| 任务目的 | | | | | |

【资讯】

1. 什么是西式腌腊制品，分为哪几类，特点是什么？

2. 什么是带骨火腿，工艺流程是什么，加工要点有哪些？

3. 什么是去骨火腿，工艺流程是什么，加工要点有哪些？

4. 什么是培根，有哪些特点？

【决策与计划】

| | |
|---|---|
| 人员分配 | |
| 时间安排 | |
| 工具和材料 | |
| 工作步骤 | |

【工作实施】

1. 配方和原辅料实际用量

2. 加工流程、参数和操作规程

3. 结果与讨论

| 原料重量 | 产品重量 | 出品率 | 外观 | 组织形态 | 气味 |
| --- | --- | --- | --- | --- | --- |
| | | | | | |

## 【检查与评估】

| 考评项目 | | 自我评估 20% | 小组互评 10% | 教师评估 70% | 备注 |
| --- | --- | --- | --- | --- | --- |
| 素质考评(15 分) | 工作纪律(7 分) | | | | |
| | 团队合作(8 分) | | | | |
| 任务工单考评(30 分) | | | | | |
| 实操考评(55 分) | 工具使用(10 分) | | | | |
| | 任务方案(10 分) | | | | |
| | 实施过程(15 分) | | | | |
| | 完成情况(15 分) | | | | |
| | 其他(5 分) | | | | |
| 合计 | | | | | |
| 综合评价(100 分) | | | | | |

组长签字：__________　　　教师签字：__________

# 项目五　酱卤制品加工技术

## 任务工单一　不同煮制方法的应用与比较

| 班 级 | | 组号 | | 组长 | |
|---|---|---|---|---|---|
| 成员姓名 | | | | 学 时 | |
| 实训场地 | | 指导教师 | | 日期 | |
| 任务目的 | | | | | |

**【资讯】**

1. 酱卤制品的概念是什么，有哪些种类？

2. 不同种类酱卤制品有哪些产品？

3. 什么是肉的煮制？

4. 煮制过程中肉会发生什么变化？

【决策与计划】

| | |
|---|---|
| 人员分配 | |
| 时间安排 | |
| 工具和材料 | |
| 工作流程 | |

【工作实施】

1. 配方和原辅料实际用量

2. 加工流程、参数和操作规程

3. 结果与分析

| 熟制方法 | 产品重量 | 出品率 | 煮制材料 | 煮制时间 | 影响煮制的因素 |
| --- | --- | --- | --- | --- | --- |
| | | | | | |
| | | | | | |
| | | | | | |

**【检查与评估】**

| 考评项目 | | 自我评估 20% | 小组互评 10% | 教师评估 70% | 备注 |
| --- | --- | --- | --- | --- | --- |
| 素质考评(15 分) | 工作纪律(7 分) | | | | |
| | 团队合作(8 分) | | | | |
| 任务工单考评(30 分) | | | | | |
| 实操考评(55 分) | 工具使用(10 分) | | | | |
| | 任务方案(10 分) | | | | |
| | 实施过程(15 分) | | | | |
| | 完成情况(15 分) | | | | |
| | 其他(5 分) | | | | |
| 合计 | | | | | |
| 综合评价(100 分) | | | | | |

组长签字：__________ 教师签字：__________

# 任务工单二　盐水鸭的加工

| | | | | | | |
|---|---|---|---|---|---|---|
| 班 级 | | 组号 | | 组长 | | |
| 成员姓名 | | | | | 学 时 | |
| 实训场地 | | 指导教师 | | 日期 | | |
| 任务目的 | | | | | | |

**【资讯】**

1. 白煮肉制品的加工原理是什么？

2. 白煮肉有哪些品种？

3. 酱卤制品的调味方法有哪些？盐水鸭的加工用到了什么调味方法？

4. 写出镇江肴肉的工艺流程（含主要加工参数）。

**【决策与计划】**

| | |
|---|---|
| 人员分配 | |
| 时间安排 | |
| 工具和材料 | |
| 工作流程 | |

**【工作实施】**

1. 产品配方和原辅料实际用量

2. 加工流程、参数和操作规程

3. 结果与分析

| 原料重量 | 产品重量 | 出品率 | 外观 | 组织形态 | 风味 |
|---|---|---|---|---|---|
| | | | | | |

**【检查与评估】**

| 考评项目 | | 自我评估 20% | 小组互评 10% | 教师评估 70% | 备注 |
|---|---|---|---|---|---|
| 素质考评(15 分) | 工作纪律(7 分) | | | | |
| | 团队合作(8 分) | | | | |
| 任务工单考评(30 分) | | | | | |
| 实操考评(55 分) | 工具使用(10 分) | | | | |
| | 任务方案(10 分) | | | | |
| | 实施过程(15 分) | | | | |
| | 完成情况(15 分) | | | | |
| | 其他(5 分) | | | | |
| 合计 | | | | | |
| 综合评价(100 分) | | | | | |

组长签字：__________　　　　教师签字：__________

# 任务工单三　道口烧鸡的加工

| | | | | | |
|---|---|---|---|---|---|
| 班 级 | | 组号 | | 组长 | |
| 成员姓名 | | | | 学 时 | |
| 实训场地 | | 指导教师 | | 日期 | |
| 任务目的 | | | | | |

**【资讯】**

1. 道口烧鸡的产地和特点是什么？

2. 道口烧鸡和符离集烧鸡有何不同？

**【决策与计划】**

| | |
|---|---|
| 人员分配 | |
| 时间安排 | |
| 工具和材料 | |
| 工作流程 | |

**【工作实施】**

1. 产品配方和原辅料实际用量

2. 加工流程、参数和操作规程

3. 结果与分析

| 原料重量 | 产品重量 | 出品率 | 外观 | 组织形态 | 风味 |
|---|---|---|---|---|---|
| | | | | | |

【检查与评估】

| 考评项目 | | 自我评估 20% | 小组互评 10% | 教师评估 70% | 备注 |
|---|---|---|---|---|---|
| 素质考评(15 分) | 工作纪律(7 分) | | | | |
| | 团队合作(8 分) | | | | |
| 任务工单考评(30 分) | | | | | |
| 实操考评(55 分) | 工具使用(10 分) | | | | |
| | 任务方案(10 分) | | | | |
| | 实施过程(15 分) | | | | |
| | 完成情况(15 分) | | | | |
| | 其他(5 分) | | | | |
| 合计 | | | | | |
| 综合评价(100 分) | | | | | |

组长签字：__________　　　　教师签字：__________

# 任务工单四　酱肉的加工

| 班 级 | | 组号 | | 组长 | |
| --- | --- | --- | --- | --- | --- |
| 成员姓名 | | | | 学 时 | |
| 实训场地 | | 指导教师 | | 日期 | |
| 任务目的 | | | | | |

**【资讯】**

1. 五香酱牛肉的特点有哪些?

2. 酱汁如何调制?

**【决策与计划】**

| | |
| --- | --- |
| 人员分配 | |
| 时间安排 | |
| 工具和材料 | |
| 工作流程 | |

【工作实施】

1. 产品配方和原辅料实际用量

2. 加工流程、参数和操作规程

3. 结果与分析

| 原料重量 | 产品重量 | 出品率 | 外观 | 组织形态 | 风味 |
|---|---|---|---|---|---|
| | | | | | |

**【检查与评估】**

| 考评项目 | | 自我评估 20% | 小组互评 10% | 教师评估 70% | 备注 |
|---|---|---|---|---|---|
| 素质考评(15 分) | 工作纪律(7 分) | | | | |
| | 团队合作(8 分) | | | | |
| 任务工单考评(30 分) | | | | | |
| 实操考评(55 分) | 工具使用(10 分) | | | | |
| | 任务方案(10 分) | | | | |
| | 实施过程(15 分) | | | | |
| | 完成情况(15 分) | | | | |
| | 其他(5 分) | | | | |
| 合计 | | | | | |
| 综合评价(100 分) | | | | | |

组长签字：__________　　　　教师签字：__________

# 任务工单五　叉烧肉的加工

| 班 级 | | 组号 | | 组长 | |
|---|---|---|---|---|---|
| 成员姓名 | | | | 学 时 | |
| 实训场地 | | 指导教师 | | 日期 | |
| 任务目的 | | | | | |

**【资讯】**

1. 蜜汁制品的概念和特点是什么？

2. 常见的蜜汁肉制品有哪些？

3. 糟肉制品的概念和特点是什么？

4. 糟卤是如何制成的？

5. 简述苏州糟鹅加工工艺（包括工艺流程和工艺要点）。

【决策与计划】

| | |
|---|---|
| 人员分配 | |
| 时间安排 | |
| 工具和材料 | |
| 工作流程 | |

【工作实施】

1. 产品配方和原辅料实际用量

2. 加工流程、参数和操作规程

3. 结果与分析

| 原料重量 | 产品重量 | 出品率 | 外观 | 组织形态 | 风味 |
|---|---|---|---|---|---|
| | | | | | |

【检查与评估】

| 考评项目 | | 自我评估 20% | 小组互评 10% | 教师评估 70% | 备注 |
|---|---|---|---|---|---|
| 素质考评(15 分) | 工作纪律(7 分) | | | | |
| | 团队合作(8 分) | | | | |
| 任务工单考评(30 分) | | | | | |
| 实操考评(55 分) | 工具使用(10 分) | | | | |
| | 任务方案(10 分) | | | | |
| | 实施过程(15 分) | | | | |
| | 完成情况(15 分) | | | | |
| | 其他(5 分) | | | | |
| 合计 | | | | | |
| 综合评价(100 分) | | | | | |

组长签字：__________　　　　教师签字：__________

# 项目六　熏烤制品加工技术

## 任务工单一　熏肉的加工

| | | | | | |
|---|---|---|---|---|---|
| 班 级 | | 小组号 | | 组长 | |
| 成员姓名 | | | | 学 时 | |
| 实训场地 | | 指导教师 | | 日期 | |
| 任务目的 | | | | | |

**【资讯】**

1. 熏肉常用的加工辅料有哪些种类？作用分别是什么？

2. 在肉的熏制过程中如何进行质量控制？

3. 熏肉的种类和特点是什么？有哪些代表性品种？

4. 写出熏肉（举例）的工艺流程（含主要加工参数）。

**【决策与计划】**

| | |
|---|---|
| 人员分配 | |
| 时间安排 | |
| 工具和材料 | |
| 工作流程 | |

**【工作实施】**

1. 产品配方和原辅料实际用量

2. 加工流程、参数和操作规程

3. 结果与分析

| 原料重量 | 产品重量 | 出品率 | 外观 | 组织形态 | 气味 |
|---|---|---|---|---|---|
| | | | | | |

## 【检查与评估】

<table>
<tr><td colspan="2">考评项目</td><td>自我评估 20%</td><td>小组互评 10%</td><td>教师评估 70%</td><td>备注</td></tr>
<tr><td rowspan="2">素质考评(15 分)</td><td>工作纪律(7 分)</td><td></td><td></td><td></td><td></td></tr>
<tr><td>团队合作(8 分)</td><td></td><td></td><td></td><td></td></tr>
<tr><td colspan="2">任务工单考评(30 分)</td><td></td><td></td><td></td><td></td></tr>
<tr><td rowspan="5">实操考评(55 分)</td><td>工具使用(10 分)</td><td></td><td></td><td></td><td></td></tr>
<tr><td>任务方案(10 分)</td><td></td><td></td><td></td><td></td></tr>
<tr><td>实施过程(15 分)</td><td></td><td></td><td></td><td></td></tr>
<tr><td>完成情况(15 分)</td><td></td><td></td><td></td><td></td></tr>
<tr><td>其他(5 分)</td><td></td><td></td><td></td><td></td></tr>
<tr><td colspan="2">合计</td><td></td><td></td><td></td><td></td></tr>
<tr><td colspan="2">综合评价(100 分)</td><td colspan="4"></td></tr>
</table>

组长签字：__________ 教师签字：__________

## 任务工单二　沟帮子熏鸡的加工

| 班 级 | | 小组号 | | 组长 | |
|---|---|---|---|---|---|
| 成员姓名 | | | | 学 时 | |
| 实训场地 | | 指导教师 | | 日期 | |
| 任务目的 | | | | | |

**【资讯】**

1. 沟帮子熏鸡加工常用的辅料有哪些种类？作用分别是什么？

2. 熏制的方法有哪些？肉的熏制过程如何进行质量控制？

3. 熟熏肉制品的加工特点是什么？有哪些代表性品种？

4. 写出熟熏肉制品（举例）的工艺流程（含主要加工参数）。

【决策与计划】

| | |
|---|---|
| 人员分配 | |
| 时间安排 | |
| 工具和材料 | |
| 工作流程 | |

【工作实施】

1. 产品配方和原辅料实际用量

2. 加工流程、参数和操作规程

3. 结果与分析

| 原料重量 | 产品重量 | 出品率 | 外观 | 组织形态 | 气味 |
|---|---|---|---|---|---|
| | | | | | |

**【检查与评估】**

| 考评项目 | | 自我评估 20% | 小组互评 10% | 教师评估 70% | 备注 |
|---|---|---|---|---|---|
| 素质考评(15 分) | 工作纪律(7 分) | | | | |
| | 团队合作(8 分) | | | | |
| 任务工单考评(30 分) | | | | | |
| 实操考评(55 分) | 工具使用(10 分) | | | | |
| | 任务方案(10 分) | | | | |
| | 实施过程(15 分) | | | | |
| | 完成情况(15 分) | | | | |
| | 其他(5 分) | | | | |
| 合计 | | | | | |
| 综合评价(100 分) | | | | | |

组长签字：__________ 教师签字：__________

# 任务工单三　北京烤鸭的加工

| | | | | | |
|---|---|---|---|---|---|
| 班 级 | | 小组号 | | 组长 | |
| 成员姓名 | | | | 学 时 | |
| 实训场地 | | 指导教师 | | 日期 | |
| 任务目的 | | | | | |

**【资讯】**

1. 烤鸭加工常用的辅料有哪些种类？作用分别是什么？

2. 烤制的方法有哪些？肉在烤制过程中如何进行质量控制？

3. 在烤制前，鸭坯浸烫和上糖的目的分别是什么？

4. 写出烧烤肉制品（举例）的加工工艺（含主要加工参数）。

【决策与计划】

| | |
|---|---|
| 人员分配 | |
| 时间安排 | |
| 工具和材料 | |
| 工作流程 | |

【工作实施】

1. 产品配方和原辅料实际用量

2. 加工流程、参数和操作规程

3. 结果与分析

| 原料重量 | 产品重量 | 出品率 | 外观 | 组织形态 | 气味 |
|---|---|---|---|---|---|
| | | | | | |

【检查与评估】

| 考评项目 | | 自我评估 20% | 小组互评 10% | 教师评估 70% | 备注 |
|---|---|---|---|---|---|
| 素质考评(15 分) | 工作纪律(7 分) | | | | |
| | 团队合作(8 分) | | | | |
| 任务工单考评(30 分) | | | | | |
| 实操考评(55 分) | 工具使用(10 分) | | | | |
| | 任务方案(10 分) | | | | |
| | 实施过程(15 分) | | | | |
| | 完成情况(15 分) | | | | |
| | 其他(5 分) | | | | |
| 合计 | | | | | |
| 综合评价(100 分) | | | | | |

组长签字：__________ 教师签字：__________

# 项目七　干肉制品加工技术

## 任务工单一　肉干的加工

| | | | | | |
|---|---|---|---|---|---|
| 班 级 | | 小组号 | | 组长 | |
| 成员姓名 | | | | 学 时 | |
| 实训场地 | | 指导教师 | | 日期 | |
| 任务目的 | | | | | |

**【资讯】**

1. 肉品干制的方法有哪些？在肉的干制过程中如何进行质量控制？

2. 干制肉类的种类和特点是什么？有哪些代表性品种？

3. 写出肉干的传统加工工艺和肉干加工新工艺流程（含主要加工参数）。

【决策与计划】

| | |
|---|---|
| 人员分配 | |
| 时间安排 | |
| 工具和材料 | |
| 工作流程 | |

【工作实施】

1. 产品配方和原辅料实际用量

2. 加工流程、参数和操作规程

3. 结果与分析

| 原料重量 | 产品重量 | 出品率 | 外观 | 组织形态 | 气味 |
| --- | --- | --- | --- | --- | --- |
| | | | | | |

**【检查与评估】**

| 考评项目 | | 自我评估 20% | 小组互评 10% | 教师评估 70% | 备注 |
| --- | --- | --- | --- | --- | --- |
| 素质考评(15 分) | 工作纪律(7 分) | | | | |
| | 团队合作(8 分) | | | | |
| 任务工单考评(30 分) | | | | | |
| 实操考评(55 分) | 工具使用(10 分) | | | | |
| | 任务方案(10 分) | | | | |
| | 实施过程(15 分) | | | | |
| | 完成情况(15 分) | | | | |
| | 其他(5 分) | | | | |
| 合计 | | | | | |
| 综合评价(100 分) | | | | | |

组长签字：__________ 教师签字：__________

# 任务工单二　肉松的加工

| 班 级 | | 小组号 | | 组长 | |
|---|---|---|---|---|---|
| 成员姓名 | | | | 学 时 | |
| 实训场地 | | 指导教师 | | 日期 | |
| 任务目的 | | | | | |

**【资讯】**

1. 肉松加工的方法有哪些？

2. 在肉松的加工过程中如何进行质量控制？

3. 写出肉松加工的工艺流程（含主要加工参数）。

【决策与计划】

| | |
|---|---|
| 人员分配 | |
| 时间安排 | |
| 工具和材料 | |
| 工作流程 | |

【工作实施】

1. 产品配方和原辅料实际用量

2. 加工流程、参数和操作规程

3. 结果与分析

| 原料重量 | 产品重量 | 出品率 | 外观 | 组织形态 | 气味 |
|---|---|---|---|---|---|
| | | | | | |

【检查与评估】

| 考评项目 | | 自我评估 20% | 小组互评 10% | 教师评估 70% | 备注 |
|---|---|---|---|---|---|
| 素质考评(15 分) | 工作纪律(7 分) | | | | |
| | 团队合作(8 分) | | | | |
| 任务工单考评(30 分) | | | | | |
| 实操考评(55 分) | 工具使用(10 分) | | | | |
| | 任务方案(10 分) | | | | |
| | 实施过程(15 分) | | | | |
| | 完成情况(15 分) | | | | |
| | 其他(5 分) | | | | |
| 合计 | | | | | |
| 综合评价(100 分) | | | | | |

组长签字：__________　　　　教师签字：__________

# 任务工单三　肉脯的加工

| 班 级 | | 小组号 | | 组长 | |
|---|---|---|---|---|---|
| 成员姓名 | | | | 学 时 | |
| 实训场地 | | 指导教师 | | 日期 | |
| 任务目的 | | | | | |

**【资讯】**

1. 肉脯加工的方法有哪些？有哪些代表制品？

2. 在肉脯的加工过程中如何进行质量控制？

3. 写出肉脯加工的工艺流程（含主要加工参数）。

【决策与计划】

| | |
|---|---|
| 人员分配 | |
| 时间安排 | |
| 工具和材料 | |
| 工作流程 | |

【工作实施】

1. 配方和原辅料实际用量

2. 加工流程、参数和操作规程

3. 结果与分析

| 原料重量 | 产品重量 | 出品率 | 外观 | 组织形态 | 气味 |
|---|---|---|---|---|---|
| | | | | | |

【检查与评估】

| 考评项目 | | 自我评估 20% | 小组互评 10% | 教师评估 70% | 备注 |
|---|---|---|---|---|---|
| 素质考评(15 分) | 工作纪律(7 分) | | | | |
| | 团队合作(8 分) | | | | |
| 任务工单考评(30 分) | | | | | |
| 实操考评(55 分) | 工具使用(10 分) | | | | |
| | 任务方案(10 分) | | | | |
| | 实施过程(15 分) | | | | |
| | 完成情况(15 分) | | | | |
| | 其他(5 分) | | | | |
| 合计 | | | | | |
| 综合评价(100 分) | | | | | |

组长签字：__________　　　教师签字：__________

# 项目八　肠类制品加工技术

## 任务工单一　红肠的加工

| | | | | | |
|---|---|---|---|---|---|
| 班 级 | | 小组号 | | 组长 | |
| 成员姓名 | | | | 学 时 | |
| 实训场地 | | 指导教师 | | 日期 | |
| 任务目的 | | | | | |

**【资讯】**

1. 小红肠与哈尔滨红肠的区别有哪些？

2. 如何对斩拌过程进行质量控制？

3. 写出乳化肠类制品（举例）加工的工艺流程（含主要加工参数）。

【决策与计划】

| | |
|---|---|
| 人员分配 | |
| 时间安排 | |
| 工具和材料 | |
| 工作流程 | |

【工作实施】

1. 产品配方和原辅料实际用量

2. 加工流程、参数和操作规程

3. 结果与分析

| 原料重量 | 产品重量 | 出品率 | 外观 | 组织形态 | 气味 |
| --- | --- | --- | --- | --- | --- |
| | | | | | |

**【检查与评估】**

| 考评项目 | | 自我评估 20% | 小组互评 10% | 教师评估 70% | 备注 |
| --- | --- | --- | --- | --- | --- |
| 素质考评(15 分) | 工作纪律(7 分) | | | | |
| | 团队合作(8 分) | | | | |
| 任务工单考评(30 分) | | | | | |
| 实操考评(55 分) | 工具使用(10 分) | | | | |
| | 任务方案(10 分) | | | | |
| | 实施过程(15 分) | | | | |
| | 完成情况(15 分) | | | | |
| | 其他(5 分) | | | | |
| 合计 | | | | | |
| 综合评价(100 分) | | | | | |

组长签字：__________　　　　教师签字：__________

# 任务工单二　烤肠的加工

| 班 级 | | 小组号 | | 组长 | |
|---|---|---|---|---|---|
| 成员姓名 | | | | 学 时 | |
| 实训场地 | | 指导教师 | | 日期 | |
| 任务目的 | | | | | |

**【资讯】**

1. 乳化肠与烤肠有什么不同？

2. 如何对绞制及滚揉（腌制）过程进行质量控制？

3. 写出烤肠制品加工的工艺流程（含主要加工参数）。

**【决策与计划】**

| | |
|---|---|
| 人员分配 | |
| 时间安排 | |
| 工具和材料 | |
| 工作流程 | |

**【工作实施】**

1. 产品配方和原辅料实际用量

2. 加工流程、参数和操作规程

3. 结果与分析

| 原料重量 | 产品重量 | 出品率 | 外观 | 组织形态 | 气味 |
|---|---|---|---|---|---|
| | | | | | |

**【检查与评估】**

| 考评项目 | | 自我评估 20% | 小组互评 10% | 教师评估 70% | 备注 |
|---|---|---|---|---|---|
| 素质考评(15 分) | 工作纪律(7 分) | | | | |
| | 团队合作(8 分) | | | | |
| 任务工单考评(30 分) | | | | | |
| 实操考评(55 分) | 工具使用(10 分) | | | | |
| | 任务方案(10 分) | | | | |
| | 实施过程(15 分) | | | | |
| | 完成情况(15 分) | | | | |
| | 其他(5 分) | | | | |
| 合计 | | | | | |
| 综合评价(100 分) | | | | | |

组长签字：__________　　　　教师签字：__________

# 任务工单三　色拉米香肠的加工

| 班 级 | | 小组号 | | 组长 | |
|---|---|---|---|---|---|
| 成员姓名 | | | | 学 时 | |
| 实训场地 | | 指导教师 | | 日期 | |
| 任务目的 | | | | | |

**【资讯】**

1. 发酵香肠的特点是什么？

2. 发酵香肠种类有哪些？

3. 发酵香肠制品的配料有哪些？各有什么作用？

4. 写出发酵香肠（举例）的工艺流程（含主要加工参数）。

【决策与计划】

| 人员分配 | |
| --- | --- |
| 时间安排 | |
| 工具和材料 | |
| 工作流程 | |

【工作实施】

1. 产品配方和原辅料实际用量

2. 加工流程、参数和操作规程

3. 结果与分析

| 原料重量 | 产品重量 | 出品率 | 外观 | 组织形态 | 气味 |
| --- | --- | --- | --- | --- | --- |
| | | | | | |

【检查与评估】

| 考评项目 | | 自我评估 20% | 小组互评 10% | 教师评估 70% | 备注 |
| --- | --- | --- | --- | --- | --- |
| 素质考评(15 分) | 工作纪律(7 分) | | | | |
| | 团队合作(8 分) | | | | |
| 任务工单考评(30 分) | | | | | |
| 实操考评(55 分) | 工具使用(10 分) | | | | |
| | 任务方案(10 分) | | | | |
| | 实施过程(15 分) | | | | |
| | 完成情况(15 分) | | | | |
| | 其他(5 分) | | | | |
| 合计 | | | | | |
| 综合评价(100 分) | | | | | |

组长签字：__________ 教师签字：__________

# 任务工单四　火腿肠的加工

| | | | | | |
|---|---|---|---|---|---|
| 班 级 | | 小组号 | | 组长 | |
| 成员姓名 | | | | 学 时 | |
| 实训场地 | | 指导教师 | | 日期 | |
| 任务目的 | | | | | |

**【资讯】**

1. 绞制与斩拌的原理是什么？

2. 斩拌的作用有哪些？

3. 杀菌的温度和时间如何控制？

4. 写出火腿肠（举例）加工的工艺流程（含主要加工参数）。

【决策与计划】

| | |
|---|---|
| 人员分配 | |
| 时间安排 | |
| 工具和材料 | |
| 工作流程 | |

【工作实施】

1. 产品配方和原辅料实际用量

2. 加工流程、参数和操作规程

3. 结果与分析

| 原料重量 | 产品重量 | 出品率 | 外观 | 组织形态 | 气味 |
| --- | --- | --- | --- | --- | --- |
| | | | | | |

【检查与评估】

| 考评项目 | | 自我评估 20% | 小组互评 10% | 教师评估 70% | 备注 |
| --- | --- | --- | --- | --- | --- |
| 素质考评(15 分) | 工作纪律(7 分) | | | | |
| | 团队合作(8 分) | | | | |
| 任务工单考评(30 分) | | | | | |
| 实操考评(55 分) | 工具使用(10 分) | | | | |
| | 任务方案(10 分) | | | | |
| | 实施过程(15 分) | | | | |
| | 完成情况(15 分) | | | | |
| | 其他(5 分) | | | | |
| 合计 | | | | | |
| 综合评价(100 分) | | | | | |

组长签字：__________ 教师签字：__________

# 项目九　成型火腿加工技术

## 任务工单一　盐水的配制与注射

| | | | | | |
|---|---|---|---|---|---|
| 班 级 | | 小组号 | | 组长 | |
| 成员姓名 | | | | 学 时 | |
| 实训场地 | | 指导教师 | | 日期 | |
| 任务目的 | | | | | |

**【资讯】**

1. 盐水的主要成分有哪些？各种添加剂的作用是什么？

2. 盐水中各成分的计算及配制。

3. 盐水配制过程中各种添加剂添加的顺序是什么？

4. 简述盐水注射机工作的原理。

【决策与计划】

| | |
|---|---|
| 人员分配 | |
| 时间安排 | |
| 工具和材料 | |
| 工作流程 | |

【工作实施】

1. 仪器设备的选择

2. 操作步骤

3. 数据记录与处理

4. 结果与分析

| 盐水成分 | 腌制液 | 水 | 盐 | 糖 | 磷酸盐 | (亚)硝酸钠 | 异抗坏血酸钠 |
|---|---|---|---|---|---|---|---|
| 含量/kg | | | | | | | |

**【检查与评估】**

| 考评项目 | | 自我评估 20% | 小组互评 10% | 教师评估 70% | 备注 |
|---|---|---|---|---|---|
| 素质考评(15 分) | 工作纪律(7 分) | | | | |
| | 团队合作(8 分) | | | | |
| 任务工单考评(30 分) | | | | | |
| 实操考评(55 分) | 工具使用(10 分) | | | | |
| | 任务方案(10 分) | | | | |
| | 实施过程(15 分) | | | | |
| | 完成情况(15 分) | | | | |
| | 其他(5 分) | | | | |
| 合计 | | | | | |
| 综合评价(100 分) | | | | | |

组长签字：__________　　教师签字：__________

# 任务工单二　盐水火腿的加工

| 班 级 | | 小组号 | | 组长 | |
|---|---|---|---|---|---|
| 成员姓名 | | | | 学 时 | |
| 实训场地 | | 指导教师 | | 日期 | |
| 任务目的 | | | | | |

**【资讯】**

1. 成型火腿与中式火腿的区别是什么？

2. 简述盐水火腿加工的原理。

3. 盐水注射腌制需注意的问题有哪些？

4. 里脊火腿生产中烟熏的作用是什么？

**【决策与计划】**

| | |
|---|---|
| 人员分配 | |
| 时间安排 | |
| 工具和材料 | |
| 工作流程 | |

**【工作实施】**

1. 产品配方和原辅料实际用量

2. 加工流程、参数和操作规程

3. 结果与分析

| 原料重量 | 产品重量 | 出品率 | 外观 | 组织形态 | 气味 |
| --- | --- | --- | --- | --- | --- |
| | | | | | |

【检查与评估】

| 考评项目 | | 自我评估 20% | 小组互评 10% | 教师评估 70% | 备注 |
| --- | --- | --- | --- | --- | --- |
| 素质考评(15 分) | 工作纪律(7 分) | | | | |
| | 团队合作(8 分) | | | | |
| 任务工单考评(30 分) | | | | | |
| 实操考评(55 分) | 工具使用(10 分) | | | | |
| | 任务方案(10 分) | | | | |
| | 实施过程(15 分) | | | | |
| | 完成情况(15 分) | | | | |
| | 其他(5 分) | | | | |
| 合计 | | | | | |
| 综合评价(100 分) | | | | | |

组长签字：__________ 教师签字：__________

# 任务工单三　烟熏火腿的加工

<table>
<tr><td>班 级</td><td></td><td>小组号</td><td></td><td>组长</td><td></td></tr>
<tr><td>成员姓名</td><td colspan="4"></td><td>学 时</td></tr>
<tr><td>实训场地</td><td></td><td>指导教师</td><td></td><td>日期</td><td></td></tr>
<tr><td>任务目的</td><td colspan="5"></td></tr>
</table>

**【资讯】**

1. 烟熏火腿加工中，滚揉的作用是什么？

2. 影响滚揉效果的因素有哪些？

3. 烟熏火腿生产过程中的温度要求及原理是什么？

4. 烟熏的方法和材料有哪些？

【决策与计划】

| | |
|---|---|
| 人员分配 | |
| 时间安排 | |
| 工具和材料 | |
| 工作流程 | |

【工作实施】

1. 产品配方和原辅料实际用量

2. 加工流程、参数和操作规程

3. 结果与分析

| 原料重量 | 产品重量 | 出品率 | 外观 | 组织形态 | 气味 |
|---|---|---|---|---|---|
| | | | | | |

**【检查与评估】**

| 考评项目 | | 自我评估 20% | 小组互评 10% | 教师评估 70% | 备注 |
|---|---|---|---|---|---|
| 素质考评(15 分) | 工作纪律(7 分) | | | | |
| | 团队合作(8 分) | | | | |
| 任务工单考评(30 分) | | | | | |
| 实操考评(55 分) | 工具使用(10 分) | | | | |
| | 任务方案(10 分) | | | | |
| | 实施过程(15 分) | | | | |
| | 完成情况(15 分) | | | | |
| | 其他(5 分) | | | | |
| 合计 | | | | | |
| 综合评价(100 分) | | | | | |

组长签字：__________ 教师签字：__________

# 任务工单四　肉糜火腿的加工

| | | | | | |
|---|---|---|---|---|---|
| 班 级 | | 小组号 | | 组长 | |
| 成员姓名 | | | | 学 时 | |
| 实训场地 | | 指导教师 | | 日期 | |
| 任务目的 | | | | | |

**【资讯】**

1. 肉糜火腿加工中对原料处理有何要求？

2. 肉糜火腿加工过程中，斩拌的作用有哪些？斩拌时应注意哪些事项？

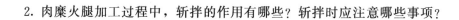

3. 肉糜火腿加工中杀菌的条件要求是什么？

4. 简述肉糜火腿生产中常见的质量问题及控制措施。

**【决策与计划】**

| | |
|---|---|
| 人员分配 | |
| 时间安排 | |
| 工具和材料 | |
| 工作流程 | |

**【工作实施】**

1. 产品配方和原辅料实际用量

2. 加工流程、参数和操作规程

3. 结果与分析

| 原料重量 | 产品重量 | 出品率 | 外观 | 组织形态 | 气味 |
|---|---|---|---|---|---|
| | | | | | |

**【检查与评估】**

| 考评项目 | | 自我评估 20% | 小组互评 10% | 教师评估 70% | 备注 |
|---|---|---|---|---|---|
| 素质考评(15 分) | 工作纪律(7 分) | | | | |
| | 团队合作(8 分) | | | | |
| 任务工单考评(30 分) | | | | | |
| 实操考评(55 分) | 工具使用(10 分) | | | | |
| | 任务方案(10 分) | | | | |
| | 实施过程(15 分) | | | | |
| | 完成情况(15 分) | | | | |
| | 其他(5 分) | | | | |
| 合计 | | | | | |
| 综合评价(100 分) | | | | | |

组长签字：__________　　　　教师签字：__________

# 项目十　肉类罐头加工技术

## 任务工单一　罐头的感官检验

| | | | | | | |
|---|---|---|---|---|---|---|
| 班 级 | | 小组号 | | 组长 | | |
| 成员姓名 | | | | | 学 时 | |
| 实训场地 | | 指导教师 | | 日期 | | |
| 任务目的 | | | | | | |

**【资讯】**

1. 肉类罐头的包装形式有哪些，请举例说明。

2. 肉类罐头按风味不同可分为哪几种类型，并举例说明。

3. 对比软罐头、硬罐头的加工工艺，找出两者的异同点。

4. 请写出罐头感官检验包含的主要内容。

【决策与计划】

| | |
|---|---|
| 人员分配 | |
| 时间安排 | |
| 工具和材料 | |
| 工作流程 | |

【工作实施】

1. 对罐头进行感官检验的步骤与方法

2. 检验结果与分析

| 产品名称 | 外观 | 色泽 | 滋味 | 气味 | 组织形态 |
|---|---|---|---|---|---|
| | | | | | |
| | | | | | |
| | | | | | |

## 【检查与评估】

| 考评项目 | | 自我评估 20% | 小组互评 10% | 教师评估 70% | 备注 |
|---|---|---|---|---|---|
| 素质考评(15 分) | 工作纪律(7 分) | | | | |
| | 团队合作(8 分) | | | | |
| 任务工单考评(30 分) | | | | | |
| 实操考评(55 分) | 工具使用(10 分) | | | | |
| | 任务方案(10 分) | | | | |
| | 实施过程(15 分) | | | | |
| | 完成情况(15 分) | | | | |
| | 其他(5 分) | | | | |
| 合计 | | | | | |
| 综合评价(100 分) | | | | | |

组长签字：__________　　　　教师签字：__________

# 任务工单二　硬罐头的加工

| | | | | | |
|---|---|---|---|---|---|
| 班 级 | | 小组号 | | 组长 | |
| 成员姓名 | | | | 学 时 | |
| 实训场地 | | 指导教师 | | 日期 | |
| 任务目的 | | | | | |

**【资讯】**

1. 简述硬罐头加工过程中的操作要点。

2. 硬罐头感官检验有哪些指标？

3. 如何判断市售硬罐头品质的好坏？

4. 硬罐头加工过程中杀菌及冷却时应注意什么？

【决策与计划】

| | |
|---|---|
| 人员分配 | |
| 时间安排 | |
| 工具和材料 | |
| 工作流程 | |

【工作实施】

1. 产品配方和原辅料实际用量

2. 加工流程、参数和操作规程

3. 结果与分析

| 原料重量 | 产品重量 | 出品率 | 外观 | 组织形态 | 气味 |
| --- | --- | --- | --- | --- | --- |
| | | | | | |

**【检查与评估】**

| 考评项目 | | 自我评估 20% | 小组互评 10% | 教师评估 70% | 备注 |
| --- | --- | --- | --- | --- | --- |
| 素质考评(15 分) | 工作纪律(7 分) | | | | |
| | 团队合作(8 分) | | | | |
| 任务工单考评(30 分) | | | | | |
| 实操考评(55 分) | 工具使用(10 分) | | | | |
| | 任务方案(10 分) | | | | |
| | 实施过程(15 分) | | | | |
| | 完成情况(15 分) | | | | |
| | 其他(5 分) | | | | |
| 合计 | | | | | |
| 综合评价(100 分) | | | | | |

组长签字：__________　　　　教师签字：__________

# 任务工单三　软罐头的加工

| | | | | | |
|---|---|---|---|---|---|
| 班级 | | 小组号 | | 组长 | |
| 成员姓名 | | | | 学时 | |
| 实训场地 | | 指导教师 | | 日期 | |
| 任务目的 | | | | | |

**【资讯】**

1. 简述软罐头包装材料种类。

2. 五香牛肉中的“五香”指什么？

3. 软罐头装袋时对内容物和分量的要求是什么？

4. 软罐头密封时需要注意什么？

5. 写出五香牛肉罐头（举例）的工艺流程（含主要加工参数）。

【决策与计划】

| | |
|---|---|
| 人员分配 | |
| 时间安排 | |
| 工具和材料 | |
| 工作流程 | |

【工作实施】

1. 产品配方和原辅料实际用量

2. 加工流程、参数和操作规程

3. 结果与分析

| 原料重量 | 产品重量 | 出品率 | 外观 | 组织形态 | 气味 |
|---|---|---|---|---|---|
| | | | | | |

【检查与评估】

| 考评项目 | | 自我评估 20% | 小组互评 10% | 教师评估 70% | 备注 |
|---|---|---|---|---|---|
| 素质考评(15 分) | 工作纪律(7 分) | | | | |
| | 团队合作(8 分) | | | | |
| 任务工单考评(30 分) | | | | | |
| 实操考评(55 分) | 工具使用(10 分) | | | | |
| | 任务方案(10 分) | | | | |
| | 实施过程(15 分) | | | | |
| | 完成情况(15 分) | | | | |
| | 其他(5 分) | | | | |
| 合计 | | | | | |
| 综合评价(100 分) | | | | | |

组长签字：__________　　　　教师签字：__________

# 项目十一　其他肉制品加工技术

## 任务工单一　炸鸡块的加工

| | | | | | |
|---|---|---|---|---|---|
| 班 级 | | 小组号 | | 组长 | |
| 成员姓名 | | | | 学 时 | |
| 实训场地 | | 指导教师 | | 日期 | |
| 任务目的 | | | | | |

**【资讯】**

1. 油炸肉制品常用的加工辅料有哪些种类？作用分别是什么？

2. 油炸肉制品的方法有哪些？简述其各自的特点。

3. 油炸对食品有哪些影响？

4. 写出西式炸鸡（举例）的工艺流程（含主要加工参数）。

【决策与计划】

| | |
|---|---|
| 人员分配 | |
| 时间安排 | |
| 工具和材料 | |
| 工作流程 | |

【工作实施】

1. 产品配方和原辅料实际用量

2. 加工流程、参数和操作规程

3. 结果与分析

| 原料重量 | 产品重量 | 出品率 | 外观 | 组织形态 | 气味 |
| --- | --- | --- | --- | --- | --- |
|  |  |  |  |  |  |

**【检查与评估】**

| 考评项目 | | 自我评估 20% | 小组互评 10% | 教师评估 70% | 备注 |
| --- | --- | --- | --- | --- | --- |
| 素质考评(15 分) | 工作纪律(7 分) |  |  |  |  |
| | 团队合作(8 分) |  |  |  |  |
| 任务工单考评(30 分) | |  |  |  |  |
| 实操考评(55 分) | 工具使用(10 分) |  |  |  |  |
| | 任务方案(10 分) |  |  |  |  |
| | 实施过程(15 分) |  |  |  |  |
| | 完成情况(15 分) |  |  |  |  |
| | 其他(5 分) |  |  |  |  |
| 合计 | |  |  |  |  |
| 综合评价(100 分) | |  | | | |

组长签字：__________　　　　教师签字：__________

# 任务工单二　鱼肉丸的加工

| | | | | | |
|---|---|---|---|---|---|
| 班 级 | | 小组号 | | 组长 | |
| 成员姓名 | | | | 学 时 | |
| 实训场地 | | 指导教师 | | 日期 | |
| 任务目的 | | | | | |

**【资讯】**

1. 肉丸制品常用的加工辅料有哪些种类？作用分别是什么？

2. 肉丸成型的方法有哪些？简述其各自的特点。

3. 肉丸类的产品特点有哪些？

4. 写出猪肉贡丸（举例）的工艺流程（含主要加工参数）。

【决策与计划】

| | |
|---|---|
| 人员分配 | |
| 时间安排 | |
| 工具和材料 | |
| 工作流程 | |

【工作实施】

1. 产品配方和原辅料实际用量

2. 加工流程、参数和操作规程

3. 结果与分析

| 原料重量 | 产品重量 | 出品率 | 外观 | 组织形态 | 气味 |
|---|---|---|---|---|---|
| | | | | | |

【检查与评估】

| 考评项目 | | 自我评估 20% | 小组互评 10% | 教师评估 70% | 备注 |
|---|---|---|---|---|---|
| 素质考评(15 分) | 工作纪律(7 分) | | | | |
| | 团队合作(8 分) | | | | |
| 任务工单考评(30 分) | | | | | |
| 实操考评(55 分) | 工具使用(10 分) | | | | |
| | 任务方案(10 分) | | | | |
| | 实施过程(15 分) | | | | |
| | 完成情况(15 分) | | | | |
| | 其他(5 分) | | | | |
| 合计 | | | | | |
| 综合评价(100 分) | | | | | |

组长签字：__________　　　教师签字：__________